美味的秘密

TELL ME MC
ABOUT FOOD

写给孩子的食物故事

[捷克] 伊韦塔·帕里亚 著
[捷克] 米夏埃拉·贝格曼诺娃 绘
陆杨 译

它们来自哪里，如何生长，怎么烹制

北京日报出版社

导读

了解食物，制作饮食，成就健康

"食如其人"，我们吃下去的每一口食物，都会成为身体和生命的一部分。 人与食物的关系，体现了人与自然、人与社会、人与自我的绝大部分关系。

天然食物是连接人类和地球母亲的脐带，人类的文明史中，相当大一部分是人类与食物的互动史。关于"吃"的智慧与礼仪，也常常反映一个国家或地区的自然和文化风貌。

"食育"一词，最早于 1897 年由日本养生学家石冢左玄在《食物养生法》中提出。2005 年，日本制定《食育基本法》，从法律层面保障每个孩子都能接受到优质的食物教育。

经过近百年在全球多个国家的发展，"食育"一词，既包含了营养、均衡、协作、饮食习惯这样具体的生活文化，又包含了生命、自然、感恩、审美这样的人类通识文化。

对儿童来说，食物教育是最好的感官教育之一。尤其是对味觉、嗅觉和触觉方面的锻炼和开发，有着其他教育方式难以替代的优势。新鲜、天然的食物，带着阳光和大地的能量，也是帮助孩子在现代快节奏社会中与自然和心灵连接的重要媒介。

在传统饮食文化如此丰富，而由食物引发的健康、安全问题日益尖锐的现代中国，怎样才是适合的食物教育？

如今的我们，该如何了解并传递给孩子关于食物的故事呢？

科普绘本《美味的秘密——写给孩子的食物故事》，用明快的色彩、生动的故事，从食物的生长特点、食用历史、文化内涵、特色食谱等角度，全面介绍了水果、香料、坚果、种子等天然食材的各个方面。

该绘本像一本关于天然食物的博物手册，帮助孩子们更好地了解食物，激发对天然食物的好奇和食欲。一方面可以帮助孩子丰富与食物相关的自然、文化知识，另一方面也可以帮助他们养成爱吃天然食物的习惯。

除了与主题食物相关的知识，每个主题食材还附上了一个操作简单又极具当地特色的小食谱，爸爸妈妈们可以和孩子一起动手制作主题食物，在快乐的烹饪时光中打开五感、了解世界，强化亲子情感。在厨房里锻炼孩子们的动手能力、生活能力，提高感知力、想象力和专注力，对孩子的身心成长，手脑协调发展都是非常有好处的。

这本制作精良的用心之作，不仅适合当代家庭亲子阅读和互动，也让在国内刚刚起步的食育事业有所借鉴，希望更多对食育感兴趣的家庭和教育工作者可以从该绘本中受到启发，引起思考，通过多元化的教育手段，推动我国食物教育的开展。

食物教育不仅让我们了解食物，同时也透过食物了解我们与这个世界的联系。健康的饮食观念、对食物正确的态度和良好的饮食习惯会守护我们和孩子的一生。

希望更多的人可以通过这本科普绘本，和孩子们一起，与天然食物交朋友，亲近本心，亲近自然。

崔雪（自然名：山雨）

"好吃的"自然食育营发起人

中国绿发会良食基金 2020 年度良食学者

目 录

蔓越莓

美洲红宝石

蔓越莓原产于北美，是由那里的印第安人开始种植的。蔓越莓的植株高约 10 ~ 20 厘米，是一种匍匐生长的矮灌木。因为蔓越莓的果实是中空的，它们可以漂浮在水面上；假如果实掉到地上的话，它们会像小球一样从地面弹起来。

蔓越莓起源于北美——美国（1）和加拿大（2）。阿根廷（3）、智利（4）和荷兰（5）等地也有生长。

沼泽地的酸性土壤非常适宜蔓越莓的生长。印第安人对蔓越莓十分喜爱，他们在腌肉时会添加蔓越莓，还会把它当染料使用，甚至可以用来治疗伤口。有些印第安部落的人还会在晒干的蔓越莓里添加枫糖浆以增加甜味。

新鲜的蔓越莓又硬又酸，味道不是那么好。所以，大约 95% 的蔓越莓采摘后都会晒成果干或者用来榨汁，当然也可以做成果酱或者腌制成蜜饯。

蔓越莓干酸甜可口，无论是作为烘焙原料，还是添加到酸奶或者牛奶什锦早餐中，都能为食物增添独特的风味。而蔓越莓酱及蔓越莓汁，也是不可或缺的美味——不管是英国人的圣诞晚餐，还是加拿大人和美国人的感恩节大餐，都能见到它的身影。

蔓越莓开花了

沙丘鹤

"鹤莓"的由来

蔓越莓的原称是"鹤莓"。第一批到美洲的欧洲移民把这种植物叫作"鹤形莓"，因为它的花、茎以及花瓣，能让人联想到优雅的沙丘鹤。之后大家为了方便，就把它简称为"鹤莓"。

蔓越莓汁

蔓越莓酱——肉类的好伴侣

蔓越莓牛奶什锦早餐

蔓越莓漂浮在灌满水的蔓越莓田。

蔓越莓对我们的健康很有好处。它富含抗氧化剂，能够帮助我们改善记忆力。所以你一定不要忘了吃它哦！

秋季采收

每当秋天到来，蔓越莓果实成熟了，泛着黑红色的光泽，就意味着收获的季节到了。大型农场采摘蔓越莓的过程非常特别。由于蔓越莓果实是中空的，可以漂浮在水面上，一般用"水收"方式采收：先将蔓越莓田灌满水，用水车把藤蔓上的果实敲打下来；待脱落的果实漂在水上，再由自动装置收集筛选。这种方式使得采摘十分轻松。

我们也会跳高！

我们是游泳健将哦！

正在享受日光浴的蔓越莓君

让阳光来得再猛烈些吧！

甜品
蔓越莓奶酪球

120 克黄油或奶油干酪

70 克切达奶酪或其他口味的奶酪

1 小撮山核桃碎

1 茶匙辣酱油

1 茶匙香葱碎

¼ 茶匙红辣椒粉

100 克蔓越莓干

把除了蔓越莓干外的所有原料搅拌均匀，放到一个大碗里；取适量混合物揉搓成球状，然后裹上一层蔓越莓干。可以配着面包、薄脆饼干或者切碎的蔬菜一起吃，味道好极了！

航海必备品

蔓越莓一度是水手们在海上航行的必备食品。因为它们富含维生素C，可以预防坏血病（一种由于缺乏维生素C导致的疾病）。

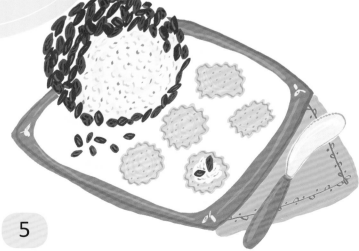

菠萝

友好之家的象征

"菠萝"（也叫"凤梨"）起源于南美洲，南美土著称其为"anana"，意思是"超级棒的水果"——用这样的名字来命名菠萝真是太合适不过了。后来，菠萝的产地遍及南美洲和中美洲。终于在1493年第一次被哥伦布带到了欧洲。

菠萝起源于南美洲的巴西（1），之后传播到了墨西哥（2）和中美洲的哥斯达黎加（3），再到尼日利亚（4）、加勒比地区（5）和美国的夏威夷（6）。渐渐地，菠萝在东南亚的泰国（7）和菲律宾（8），以及中国（9）和印度（10）也开始被大量种植。

菠萝的生长时间大约是两年，而且每个植株仅结一枚果实。菠萝的繁殖方式有：通过种植冠芽（也就是菠萝果实顶部的那部分）进行芽殖，或者通过基部的分蘖芽进行分株繁殖。

冠芽

夏威夷比萨

如果你想让从商店里买回来的菠萝迅速成熟，可以试着把它颠倒过来。也就是把带叶子的那头朝下放置。

成熟的菠萝果肉柔软多汁；尝起来嘛，有的味道甜美，有的则酸甜可口。

新鲜美味的菠萝，一般用来制作蜜饯或者果酱，也可以用来制作水果沙拉或者各种甜点。集结了菠萝和火腿两大美味的夏威夷比萨，一直深受孩子们的欢迎。

菠萝花

菠萝的茎很粗壮，叶片从茎的上端开始生长，慢慢地形成漏斗形状的叶丛，叶丛的中央会抽生出像蜘蛛一样的花序，生长成众多的美丽的紫红色小花——菠萝花。为什么说菠萝是"聚花果"呢？因为这些菠萝花肉质化后会形成一个个小浆果，再聚合成我们平时吃的那一整个儿的菠萝果实。很有意思，对吧？

热情好客的标志

在美国的东海岸，我们经常会看到菠萝的标志出现在人家的大门、门环或门口的地垫上，甚至有的人家门前还有菠萝的小雕塑。这个标志代表着热情好客和热烈欢迎。这个传统是在17世纪由移民者建立的，他们用从加勒比群岛带回来的新鲜菠萝，表达归家的愉悦心情，随后他们会和客人们一起来分享这些菠萝。

闭上你的眼睛，想象着自己正躺在加勒比海的沙滩上，啜饮着一杯"椰林飘香"鸡尾酒。即使躺在家里的沙发上，也不妨碍你的心去做一次远游。

早餐
椰林飘香

200毫升菠萝汁或新鲜菠萝

100毫升椰奶

1根香蕉

冰块少许

把所有原料放在料理机里，搅拌直至均匀细腻。倒入玻璃杯中，加上菠萝片和樱桃装饰。

"椰林飘香"是一款风靡加勒比海的鸡尾酒，传统调制方式是要加入白朗姆酒的，所以它只适合大人喝。而我们这款改良版，则是专为小朋友设计的。早餐的时候，不想来一杯试试吗？

种一株专属你的菠萝

下次家里再买菠萝，不要随便把叶子往垃圾桶里一扔。试着用叶子种一株新的菠萝出来。我们要怎么做呢？

1. 挑选一个成熟的菠萝，把菠萝顶部的冠芽取下。

2. 从下部叶片起逐层剥离外部的叶子，你会看到一些小须根。

3. 把处理好的冠芽置于阴凉处晾两天，这能促使小须根生长。

4. 准备一个玻璃容器，里面加少许清水。将冠芽底部放入水中，进行水培。每天换水，约一周后能出根。

5. 当须根长到大约几厘米长后，就可以把它种到盆里啦。

6. 轻轻喷洒少量水，每周一次，保证土壤不干燥即可。

7. 你现在需要做的就是耐心等上一两年，祈祷家养的小菠萝开花结果哟！

火龙果

龙之果

火龙果是某种仙人掌的可食用果实。它有着引人注目的外表和温柔的内心，它的果肉饱满多汁，布满了可以食用的芝麻状的黑色小籽。它的果实和花都鲜艳夺目，仿佛是生长在童话故事中的植物。

火龙果起源于墨西哥和南美洲。现在，它在东南亚各国广泛种植，身影遍布各地，包括越南（1）、泰国（2）、马来西亚（3）、中国南部（4）、以色列（5）、斯里兰卡（6）、澳大利亚北部（7）和夏威夷（8）。

火龙果是结在火龙果树上的，这是一种仙人掌科的植物。它们的茎像藤本植物一样，能够延展，帮助攀援。在荒野，它们能攀附在树木和墙上；在农场，人们为了让采收更加容易，会给火龙果搭支架，它们借助支架能长得像小灌木或者小树一样茂密。火龙果喜欢炎热、干燥的热带气候。

火龙果的果实，直径能长到大约 20 厘米。

火龙果看上去引人注目，但是它的味道却不像外表那般浓烈。说到甜度，大概和香瓜或者猕猴桃差不多。

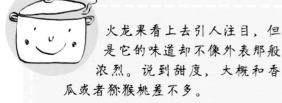

火龙果一般生食或者用来榨汁。它的外皮极易剥离，你也可以把火龙果一切两半，用勺子挖着吃里面的果肉。

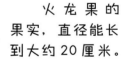

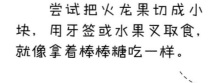

尝试把火龙果切成小块，用牙签或水果叉取食，就像拿着棒棒糖吃一样。

暗夜女皇

火龙果硕大且美艳的花朵仅在夜间开放，是昙花的"近亲"，因此得名"暗夜女皇"，又称为"月下美人"，有着醉人的香味。火龙果的花能开到 35 厘米长，并在夜晚通过飞蛾和蝙蝠进行授粉。

火龙果只在夜间开花。

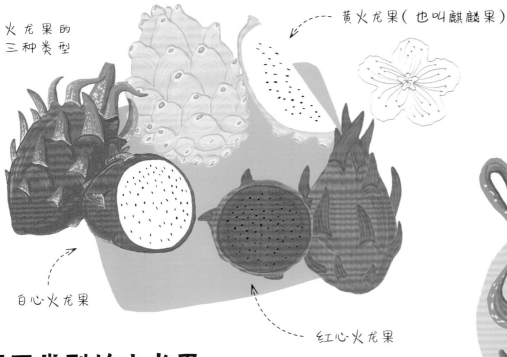

火龙果的三种类型

黄火龙果（也叫麒麟果）

白心火龙果

红心火龙果

不同类型的火龙果

白心火龙果：红色表皮，白色果肉，是最常见的品种。在欧洲种植、销售居多，在我国也很常见。

红心火龙果：表皮和果肉都是鲜亮的红色，比白心火龙果的果肉更加甘甜，风味更为浓郁，价格也比白心火龙果高。

黄火龙果：表皮是黄色的，果肉是白色的。由于栽种较为困难，因此一般市面上不常见，价格也比较贵。

～ 水果宾治 ～
鸡尾酒

1 个火龙果

1 个猕猴桃

草莓少许

青柠檬汁适量

把火龙果剖开，用勺子挖出果肉；然后把所有的水果都切成小块，撒入适量柠檬汁；为了平衡口感，可以添加少许蜂蜜或者龙舌兰糖浆；把切好的水果块装到碗里，放进冰箱。小朋友想吃的时候拿出来就可以啦。

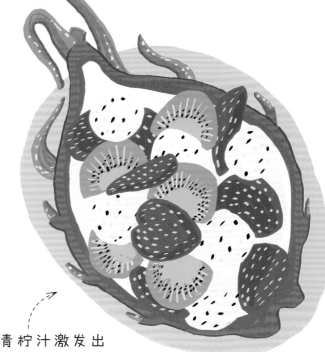

青柠汁激发出了火龙果不一样的美味呢！

橄榄

美味可口的开胃菜

青橄榄和黑橄榄都是橄榄树的果实。它们被用在许多菜肴里，比如意面、比萨，还有品质优良的各种橄榄油制品。橄榄油在古罗马时期就被广泛使用于照明、加热，还可以做成香皂、化妆品和药品。当然还可以用来制作美味佳肴。

橄榄树生长十分缓慢，依据生长环境的不同，树高为 3 ~ 12 米不等。橄榄树四季常绿。它对不同气候和环境的适应能力都很强，不管是寒冬还是酷暑，抑或是岩石耸立的山坡，它都能够茁壮成长；而且它不畏强风，不惧干旱，甚至能经受烈火的考验。

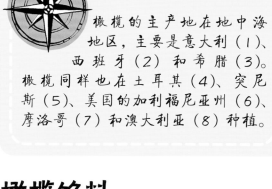

橄榄的主产地在地中海地区，主要是意大利（1）、西班牙（2）和希腊（3）。橄榄同样也在土耳其（4）、突尼斯（5）、美国的加利福尼亚州（6）、摩洛哥（7）和澳大利亚（8）种植。

橄榄馅料

在商店里，我们可以买到各种各样的含橄榄的馅料，比如奶酪、培根、凤尾鱼、三文鱼、金枪鱼、大虾、柠檬、杏仁、胡椒、蓝纹芝士和蜜橘。下次上菜时，试试往上面淋点橄榄油，这会使得食物色泽鲜亮，还能锁水保鲜。

橄榄树的平均寿命一般在 300 ~ 600 年之间，但是世界上已知最长寿的橄榄树已经活了 2000 多年了！

你恐怕接受不了从树上刚刚采摘的新鲜橄榄的味道：它们尝上去又苦又涩，所以在吃之前一般都要先加工处理。根据腌制的程度不同，橄榄的口感分为微咸、果味或者微酸。

小伙伴们，我的脚好滑呀！！！

试试腌橄榄吧！

橄榄的腌制

基于种类、大小和成熟度不同，橄榄在采摘后，首先被泡到水里，进行盐渍或者去涩处理。然后把它们泡到醋中，或者和不同的香料，比如大蒜、罗勒或者柠檬，一起浸泡到油里。这样一来，橄榄从树上摘下到最终端上你的餐桌，可能需要经历整整一年的时间呢！

橄榄油

世界各地都把橄榄枝当作和平的象征。

橄榄油

橄榄油本质上是一种果汁。就像把橘子和苹果榨汁一样，橄榄以相同的方式被榨取和压制，使它的汁液流出。要生产一升橄榄油，你需要至少 5 千克的橄榄哟！

为胜利者献上橄榄枝花环！

～ 橄榄酱 ～

1 罐黑橄榄（约 250 克）

1 小瓣蒜，碾碎

2 条凤尾鱼（可选）

1 汤匙酸豆

1 汤匙柠檬汁

2 汤匙橄榄油

将以上原料混合，用料理机搅拌均匀，打成糊状。如果你喜欢青橄榄，可以按照同样的食谱操作，记得再往里面加少许鲜罗勒叶。

奥林匹克运动

有史可载的古代第一届奥运会于公元前 776 年在古希腊举行。古代奥运会既没有奖金也不发奖牌。每位获胜者除了赢得希腊人民的称颂外，都将获得橄榄枝编制的花环。作为英雄，他们载誉而归，被各式礼物及诗人们的颂歌所包围。雕塑家和画家甚至会以他们为模特来进行创作。

奥运五环——
现代奥运会的标志

橄榄酱是一款美味的蘸酱，配上新鲜出炉的松脆法棍，一级棒！

青橄榄还是黑橄榄？

青橄榄和黑橄榄有何区别？其实，它们长在同一棵树上，品种也完全相同。橄榄一开始是绿色的，随着逐渐成熟开始变成紫色，完全成熟后则变成黑色。绿色，意味着年轻、未成熟，此时的橄榄坚硬，口感苦涩，含油量也较低。黑色，则意味着成熟，成熟的橄榄比较柔软，苦涩味减轻，含油量达到 20% ~ 30%。青橄榄在秋季被收获，而黑橄榄则要到 12 月初才能采摘。

你喜欢哪一种，青橄榄还是黑橄榄？

香蕉

使人快乐的水果

我们在商店买到的香蕉，在收割下来时还是绿色的。在运输途中，它们渐渐成熟了。当香蕉皮上开始出现褐色斑点时，说明它的成熟度刚刚好，这时候的香蕉香甜又美味，口感一级棒。香蕉能在运动前后帮助我们迅速补充能量，也能让我们吃完以后心情愉悦，晚上睡得格外香。

香蕉是生长在香蕉树上的。一般的香蕉树都在 2~5 米高，也有一些品种可以长到 16 米高，所以香蕉树是世界上最高的草本植物。香蕉作为香蕉树的果实，是一簇簇生长的，因此我们常说"一串香蕉"，而且看起来就像我们张开的手指。香蕉的英文名 banana 来源于阿拉伯语 Banan，正是手指的意思。

香蕉原产于印度尼西亚及周边地区，其后在亚洲各地都有栽种。古代的商队通过贸易，把香蕉带去了非洲、中美洲。现如今，香蕉已经遍布世界各地的热带区域，超过 100 多个国家都能见到这种水果了。香蕉的最大出口国是印度（1）、巴西（2）、中国（3）、厄瓜多尔（4）、菲律宾（5）和印度尼西亚（6）。

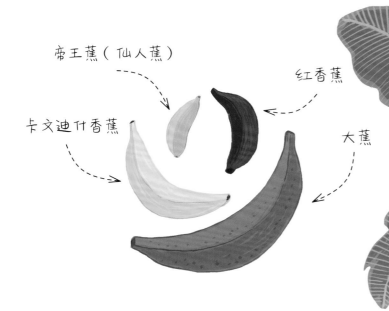

帝王蕉（仙人蕉）

红香蕉

卡文迪什香蕉

大蕉

香蕉的品种

香蕉有许多品种。在欧洲最知名的香蕉品种是卡文迪什香蕉，它通体是黄色的，口感甘甜、气味芳香。而在热带地区，我们看到的品种大多是红香蕉和帝王蕉。大蕉则是不能直接生食的品种，一般用于烹制菜肴，像土豆一样，我们可以把大蕉水煮，油炸或者烤熟了吃。

你平时吃的香蕉是一根根的，像手指一样细细长长，其实它们是一簇簇生长的。

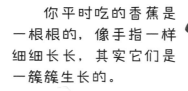

一根剥了皮的香蕉

12

香蕉肥

由于富含多种矿物质，香蕉皮是很好的肥料。所以请尽管用香蕉皮来沤制肥料吧：你可以把香蕉皮切成小段，混入栽花的土壤中。玫瑰花可是爱死了能让它长得更娇艳的香蕉肥呢！

用香蕉肥来滋养你的玫瑰花吧！

能吃的香蕉花

在许多产香蕉的国家，商贩们也会卖香蕉花。在极富特色的亚洲美食中，香蕉花可以用来做沙拉、煮汤和炒菜。香蕉花看上去就像一个巨大的花苞，能长到 1 千克重。它的雄蕊羞答答地藏在紫红色花瓣的后边，在授粉后就能结出香蕉了。

香蕉植株的花蕾

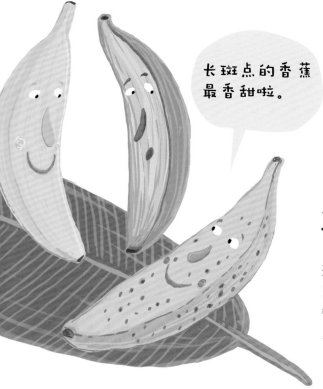

长斑点的香蕉最香甜啦。

·········

甜品

香蕉薄饼

·········

2 根香蕉

2 个鸡蛋

70 克燕麦片

1 汤匙泡打粉

适量面粉

·········

将燕麦片和面粉混合，用叉子把香蕉捣成果泥，把鸡蛋打成蛋液；将所有原料混合搅拌成糊状；平底锅预热后，把糊糊在锅里摊成一个个小薄饼，及时翻转直至两面呈金黄色；最后根据自己喜好，配上水果或者淋上枫糖浆就可以开吃了。

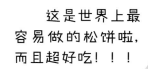

这是世界上最容易做的松饼啦，而且超好吃！！！

用途多多的香蕉叶

香蕉的叶子也大有用途。你可以用香蕉叶包裹食物，进行蒸煮；如果你拿香蕉叶当盘子，将会更加轻松地搞定周日的午间大餐；而且，香蕉叶还能被加工成强韧的绳索，用来做扶手椅或者编篮子呢。

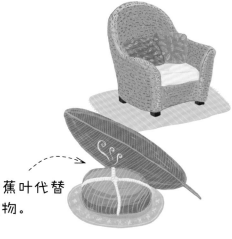

用香蕉叶代替盘子装食物。

椰枣

沙漠中的焦糖面包

说起椰枣这种干果，你肯定不陌生，但是你可能不知道，椰枣是长在棕榈树上的哦。根据品种的不同，椰枣的果实一开始是绿色或者橙黄色的，随着它逐渐成熟，会变得越来越甜，颜色也完全变成棕色了。因为椰枣的果糖含量高达70%，所以能够帮助身体迅速补充能量。

大约5000年前，中东和北非就有种植椰枣的记载。现在，椰枣主要种植在伊拉克（1）、伊朗（2）、阿曼（3）、沙特阿拉伯（4）、埃及（5）、西班牙（6）、印度（7）和美国的加利福尼亚州（8）。

在理想的环境下，椰枣树生长得非常迅速，一年大约能长40厘米，最终能长到大约30米高。椰枣树非常耐热，又喜欢潮湿，因此通过特殊的灌溉技术，它十分适宜在沙漠绿洲中种植。

椰枣树是中东地区人们的福音：它献上有营养又美味的果实，提供了给行人休憩的树荫，还是优质的建筑材料。它的叶子可以用来编织篮子、地毯、各种装饰品和实用的收纳器具，可以经过加工制造成强力绳，还能够给动物做饲料。

一棵椰枣树每年能产大约100千克的椰枣。

椰枣有着绝妙的口感，焦糖般甜蜜的味道，酷爱甜食的小朋友们打心眼儿里喜欢它。

市面上出售的椰枣大多数是干果。如果将新鲜椰枣打成浆的话，可以制作成椰枣酱，那绝对是一种能够媲美蜂蜜的饮品。

椰枣中的凯迪拉克

椰枣有数百种品种，它们在大小、颜色和口感上有所区别。帝王椰枣，被誉为"椰枣中的凯迪拉克"，是果中极品。它个大肉厚、甜蜜多汁，带着满满的阳光能量，仿佛焦糖般甜美，真的要融化在你的嘴里啦。

帝王椰枣味美又多汁

椰枣干能
存放很多年!

沙漠里的生活

在沙漠里生活的游牧民族——贝都因人,居无定所,食物种类并不丰富,而椰枣为他们提供了每日必需的营养。由于椰枣不易变质、易于存放,营养价值极高,所以能随时帮助旅行者补充能量。

我们躲在这儿啦!嘿嘿,他肯定猜不到。

1、2、3……9、10。出来呀,快出来呀,你们跑哪儿去啦?

美味食盒
爱吃甜食的小朋友专享

去核的软椰枣

花生酱(或其他坚果酱)

巧克力碎或者坚果

把椰枣剖开,取出果核;每颗椰枣上抹大约一茶匙的花生酱(具体量根据枣子的大小来定),再撒上巧克力碎或者坚果,然后放入小纸托,最终将所有椰枣码放到零食盒中。

生命之树

无论是作为食物还是建筑原材料,中东人民开发了椰枣树和它的果实——椰枣的各种用途。在穆斯林传统中,椰枣被尊为"生命之树",它也作为一种象征,被放在了沙特阿拉伯和以色列的国徽上。

爱吃甜食的人都会喜爱椰枣。动手DIY美味食盒,和好朋友们一起分享吧!

以色列法定货币——新谢克尔

沙特阿拉伯国徽

椰 子

椰子是椰子树上结的果实，一般生长在热带地区。椰子又大又硬，我们通常以为它是坚果。其实从植物学角度来说，它和桃子、杏一样，是一个核果，它的果径大约有 20 ~ 30 厘米，重达 2.5 千克。

椰子树生长在亚洲的沿海区域，还有南美中部，非洲和太平洋地区。在菲律宾(1)、印度(2)、印度尼西亚(3)、泰国(4)、新几内亚(5)、巴西(6)、墨西哥(7)和马达加斯加(8)等许多国家也能见到它的身影。

椰子树是棕榈树的一种，它能长到大约 30 米高，叶子也能有 5 米长呢。椰子树在海滨极为常见。它的树干可以是直的，也可以是弯曲的。整个椰子家族大约有 1300 多个不同的种类。椰子树的全身都是宝：几乎每个部分都能派上用场。

椰子树的叶子可以用来做扫帚、编篮子、织地毯，还能当收容所的屋顶呢！

椰子树的木质坚硬紧密，重量大，耐水性能强。在热带地区，它被用来建造房屋、桥梁和船只。

从椰子树的树根能提取出天然的染料。最令人意想不到的是，椰子树根的末端经过加工，还可以当牙刷用哟！

椰子树的果实成熟后是棕色的，它的壳上有三个洞，看上去就像一张小小的猴子脸。其中的一个小洞，用螺丝刀就能轻易捅破，这也是我们一直以来获取椰汁的最简便方法。

从椰子的果皮中可以提取出一种纤维，这种纤维能用来制造绳索、地毯、扫帚、麻袋等等，还能成为我们睡的床垫里面的填充物呢！

椰子的壳可以用来加工成纽扣、首饰以及吃饭的碗。

椰子花

　　从含苞待放的椰子花中可以采集到甜美的花蜜。有经验的工人每天攀爬两次椰子树，手工采集花蜜，再装到竹制容器里。

　　花蜜经过高温酿制，可以得到浓稠的糖浆，糖浆干燥后形成的固体，就是我们熟知的椰子糖了。

椰子水清甜可口，富含维生素和矿物质，它的成分和人类的血浆十分接近。

椰子糖香甜可口，含在嘴里很快就溶化了，留下淡淡的焦糖香味。

椰 青

　　我们所说的椰青，是椰子树结果后5~8个月摘下来的果实，此时它的果肉还十分松软，里面含的椰子水最多。从树上摘下来后，我们会把它进行去皮处理，这样更容易保存和运输。

疯狂的椰球

175 克炼乳

100 克椰蓉

100 克牛奶和 100 克巧克力

　　往冷却的牛奶里加入椰蓉，搅拌均匀。将混合物团成球状，放入熔化的巧克力中，待球体裹上一层巧克力糖衣后，放入冰箱冷却成形即可。

棕 椰

　　当椰子树的果实长到 12 个月或者更久的时候，它的表皮悄悄起了变化，从青色变成了棕色。这时候，它的果肉变得更加紧实，里面的椰子水也变少了。

椰肉经过加工，可以制成椰子粉、椰子油和椰奶。

这些美味的小球，真的能让你吃了还想吃，为之疯狂哦！

漂浮的椰子

　　你知道吗？椰子可是游泳健将哦！而且它们一点也不怕咸咸的海水。为了繁衍，它们可以从一个岛飘到另一个岛。还有人曾经在欧洲的斯堪的纳维亚半岛，发现过椰子的踪迹。椰子可是世界上块头最大的种子呢！

发芽的椰子

　　完全成熟的椰子处在合适的温湿条件下，表皮的纤维开始吸收水分（可不是海中的盐水哦），就会长出芽来。在萌芽期间，由于椰子水提供了充分的营养，椰子腔体内会滋生出一种真菌，它能进一步滋养椰子芽。像这种长芽的椰子，是公认的美味，被称为"椰宝"——它入口清甜，让你感觉像在吃棉花糖或蛋奶酥（舒芙蕾）。

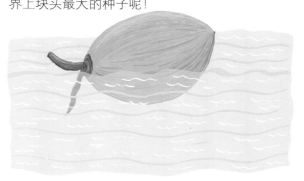

各色水果

巴西莓
——亚马孙丛林的恩赐

榴莲被誉为
"水果之王"

我们常见的榴莲
一般有 30 厘米长，
3 千克重哟！

巴西莓（阿萨伊）

巴西莓生长在中南美洲，是一种棕榈树的果实。这种树能长到 25 米高。美洲的土著第一个发现这些小小的紫色果实具有惊人的治愈能力——增强身体的免疫系统，防止感染，还能为身体提供能量。

巴西莓如今已经风靡全世界。在欧洲，巴西莓常被加工成冻果酱或冻干粉用以食用。往你的水果沙拉里加点巴西莓吧，听我的，准没错。

榴 莲

榴莲是一种很奇怪的水果。不单单是因为它的个头特别大，还因为它的表面长着密密麻麻的刺。当然还有大家都知道的，它那股难以描述的谜之气味，有点像香蕉、杏仁、洋葱混合在一起的味道！这种气味太过浓烈，以至于大家一提起榴莲，都会联想到臭奶酪、烂洋葱、臭豆腐这些"有味道"的食物。有的人酷爱榴莲及它的味道，觉得它是世界上最好吃的水果；而另外一些人呢，觉得榴莲真是世界上最恐怖的水果。你是一个榴莲爱好者，还是一看到它就想绕道走呢？

山竹的花（蒂瓣）
长在它的"屁股"上。

每颗酸浆都有
一层薄薄的外皮，
就像穿着一件外套。

山竹（莽吉柿）

山竹的英文名字 Mangosteen 里带有 mango(芒果)这个词，但是它和芒果并没有什么关系；就像它的中文名带个"竹"字，但是它和竹子也完全是两码事。所以，名字的相似性只是个巧合罢了。山竹的表皮是紫色的，十分坚韧，牢牢地保护着它柔软多汁的果肉。山竹的果肉一般分成 4 ~ 8 瓣，它的味道清甜爽口，想象一下甜食爱好者最喜欢的那些食物：桃子、草莓、香草冰激凌……吃上一个山竹，这些味道，你都能拥有哦。再告诉你一个小秘密：如果你想知道一个山竹里面有多少瓣果肉，只需要数一数它的"屁股"上有几个小叶片（蒂瓣）就行啦。是不是很容易呢？赶紧回家拿一个山竹试试吧。

酸浆（菇娘）

酸浆长着囊状的果实，有时也被叫作"地樱桃"。它那一个个小浆果就像一盏盏橙黄色的小灯笼；新鲜的酸浆吃起来酸甜爽口，而且你可以尝试蘸着巧克力吃，绝妙的搭配哦！酸浆是一年生植物，能长到大约 1 米高，像番茄一样可爱。要不要试试在盒子里或者自己家的花园种上一株呢？

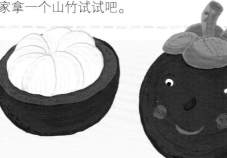

18

用裹上巧克力的
酸浆来装饰你的甜
品，有型又美味哦！

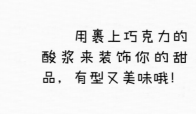

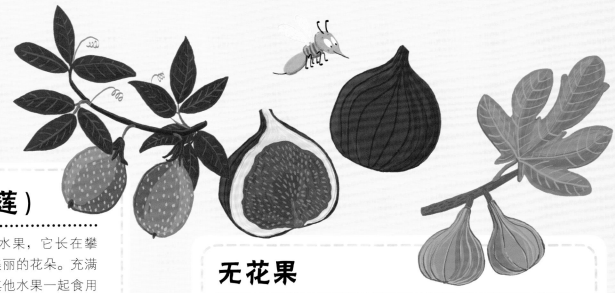

百香果（西番莲）

百香果是一种热带水果，它长在攀援的藤蔓上，开着十分美丽的花朵。充满了异域风情的百香果和其他水果一起食用时，能够激发、提升口感和香味，所以很多水果沙拉、甜点或果汁中，都少不了它的身影。你从它的别名"热情之果"中就能感受到它的魅力啦！

无花果

新鲜的无花果香甜可口，里面有很多小籽，吃起来脆脆的。无花果干也很受大家的欢迎。虽然看起来像水果，其实我们通常吃的无花果，是一种特殊类型的花序（称为"隐头花序"），而那些吃起来脆脆的小籽才是无花果真正的花结出来的种子。我们知道，花儿需要授粉才能够繁殖，但是无花果的花蕊藏在里面，怎么办呢？原来是黄蜂钻入无花果内部，并且在里面交配，产卵，孵化……圆满地完成了授粉的任务。我们把无花果和无花果黄蜂的这种彼此依赖的关系，叫作互利共生。

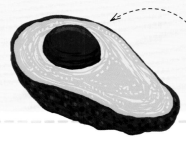

用牛油果的果核种出一棵新的牛油果树吧！

奇异果（猕猴桃）

奇异果最奇特的地方，可能就是它毛茸茸的果皮啦。因为它和新西兰的国鸟——奇异鸟看起来有些相似，所以就有了奇异果这个好听的名字。奇异果的大小和鸡蛋差不多，因为品种差异，有些种类的个头可能也就像葡萄那么大。和葡萄一样，奇异果的植株也是一种藤本植物。一个猕猴桃就能提供你一天需要的维生素 C 的量哟。

牛油果（鳄梨）

牛油果起源于中美洲，是一种常绿乔木。牛油果绿色的表皮粗糙不平，就像鳄鱼的皮肤一样，所以我们也把它叫作"鳄梨"。牛油果成熟后的口感十分甜美，如黄油般丝滑。它特别适合用来做抹酱、沙拉，甚至是甜点。把牛油果和可可粉，少许蜂蜜一起混合，搅拌均均，就能做出美味可口的巧克力慕斯了。牛油果有一颗又大又圆的果核，你可以用它来种一棵新的牛油果树呢！

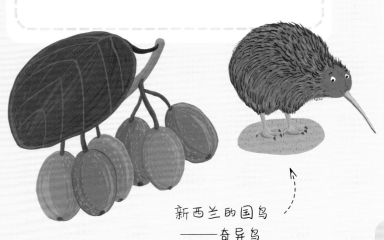

新西兰的国鸟
——奇异鸟

香草

世界第二贵的香料

有一种兰科藤本植物叫香荚兰，它的植株大约 2 米高，而茎蔓的长度能达到 35 米。香荚兰的果实被叫作香草荚。香草荚和里面的种子就能制成我们所熟知的香料——香草。一般人们会在甜点和饮料里加一些，以添加风味，还可以用来制作香水。

香荚兰的原产地是墨西哥(1)，但它在其他热带地区，比如中美洲、印度洋的各大岛屿(2)、印度尼西亚(3)和西非(4)，也被广泛栽种。如今最大的香荚兰生产国是马达加斯加(5)。

香草最初是由墨西哥东南部的原住民托尔特克人和阿兹特克人发现的。在很长一段时间内，只有墨西哥人才能培育这种香料。这是因为香荚兰需要一种叫作香草蜂的无刺蜂来授粉，而香草蜂是墨西哥当地特有的。直到 1841 年，一位叫阿尔比斯的人发明了一种使用小竹签进行人工授粉的方法，香草才得以扩大种植到其他国家。

香荚兰的花只能开放短短几个小时。

你好，墨西哥是我们唯一的家哦！

墨西哥无刺蜂

抱歉，人家很忙哒。

香草荚

香荚兰的果实是一簇簇地生长的，一簇大约有 20 个香草荚。当香草荚从深绿色变成浅绿色的时候，就可以采摘了；如果摘晚了的话，香草荚可能会裂开，那摘下的香草荚的香味就没有那么浓烈了，也就失去利用价值了。每个香草荚里面有数以千计的小种子。在香草荚被摘下后，还要反复经历发酵工序然后晒干，这一系列工序，时间长达 8 个月。但是只有经历这么繁复、细致又漫长的加工，才能保证香草荚的充分干燥，使得它的颜色变成棕色，此时它的香味和口感也达到了最佳状态。

香草荚长度为 10 ~ 20 厘米。

香荚兰种植园

香荚兰一般是栽种在香荚兰种植园里的，在这里，有供它们缠绕的其他树木，或者人造的支架。香荚兰的寿命一般有 12 年或者更长，而通常它到第 3 年才开始结果。为了让香荚兰能结出更多的果实，工人们必须定期检查植株，因为香荚兰的花开放时间极短，只有几个小时，而花儿开放的时候正是人工授粉的最佳时机。有经验的工人，一天能够给 1000 ~ 1500 多个花儿授粉呢！

世界上第二贵的香料

比起其他作物，香荚兰的种植更为困难，这也使得香草成为世界上第二贵的香料。香荚兰的整个种植过程，无论是栽种、授粉还是采摘，都需要人工操作，而不能使用机器。这也是香草这么贵的原因了。那你知道第一贵的香料是什么吗？答对了，是藏红花。

厨房常备香草精，随用随取真开心。为什么不自己动手来制作呢？

自制 香草精

2 条香草荚
150 毫升伏特加酒
可重复密封的瓶子

小心地将香草荚剖开，用刀尖将里面的种子剔出来。把种子放入瓶子，再倒入伏特加酒，密封后放到阴凉处，避光保存。头一周每天拿出来摇晃一次，之后的每周只要摇晃一次就可以啦。大约浸泡 2 个月，香草精就制作完成了。每次取用完之后，视情况可以适当添补一些伏特加酒到瓶子里，以维持香草精的香味、口感还有色泽。

谁不想来点香草冰激凌呢？

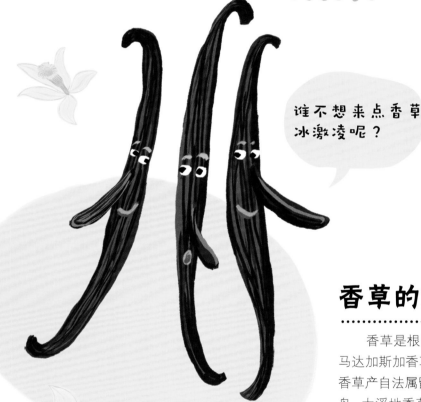

香草的产地

香草是根据它们的原产地来命名的：马达加斯加香草产自马达加斯加岛；波旁香草产自法属留尼旺岛，它以前叫作波旁岛；大溪地香草产自法属波利尼西亚的大溪地岛；墨西哥香草产自墨西哥。

你好呀，我的名字是马达加斯加香草。很高兴见到你哟！

香荚兰茎蔓的长度能达到 35 米，几乎有两辆校车那么长哟！

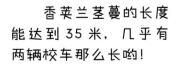

21

可可

神的食物

可可树的果实是直接长在树干上的，它们就像一个个小橄榄球形状的豆荚，大约有30厘米长。里面有30～50粒白色的种子，种子被白色的胶质果肉包裹着，果肉可以食用，气味香甜芬芳。这些种子就是我们俗称的可可豆了，可可豆十分珍贵，它可是制作巧克力的基本原料哟。

可可起源于南美洲的热带地区，早在公元5世纪，人们就开始栽种可可啦。如今，世界上许多热带地区都能见到它的身影，产量最大的地区有：加纳（1）、科特迪瓦（2）、尼日利亚（3）和巴西（4）。

可可是热带树种，常绿乔木。它的拉丁文学名 Theobroma cacao 的含义是"神的食物"。可可树一般能长到5～8米高。我们经常说"大树下面好乘凉"，可可也是喜欢树荫的，所以它往往和比它更高的热带植物，比如芒果、木瓜，种在一起。可可树神奇的地方是：它的花和果实是直接长在树干或者比较粗壮的树枝上的；还有，它的花不是由蜜蜂，而是一种特殊的小昆虫——蠓科小蝇来授粉的。

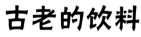

可可树的花

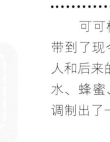

未经加工的可可豆，有一股天然的苦味。

古老的饮料

可可树起源于南美洲，被古代玛雅人带到了现今属于墨西哥的领土。古代玛雅人和后来的阿兹特克人，把磨碎的可可豆、水、蜂蜜、玉米粉还有辣椒混合在一起，调制出了一款非常有营养的冷饮。

可可豆货币

在墨西哥的历史上，可可豆还可以当货币使用。例如，在 1545 年，1 粒可可豆可以买到 1 个大番茄或者 5 根辣椒；3 粒可可豆可以买到 1 个火鸡蛋或者 1 个新鲜的牛油果；小兔子值 30 粒可可豆，而 200 粒可可豆就能买到 1 只火鸡啦！

白巧克力（含可可脂，但不含可可粉）

牛奶巧克力

黑巧克力（可可脂含量最高）

真正的巧克力

如果你想品尝真正的巧克力，要记得根据它的成分而不是它的颜色来挑选哦。许多巧克力为了改善口感，都会使用添加剂，如糖、牛奶和各种调味料。其实最好的巧克力是纯黑的，它的可可浆和可可脂的含量最高，分成 60%、70% 或 80% 这几种。黑巧克力既营养又健康。

可可豆的加工工序

1. 采摘

2. 发酵

3. 晒干

4. 烘焙

5. 碾磨和制粉

6. 可可脂

可可豆的加工

采摘下的可可豆经历了发酵，在阳光下晾晒、烘焙等一系列的加工过程后，就成了我们常见的样子：香气浓郁、口感独特，呈迷人的棕色。加工好的可可豆经过碾磨，变成糊状的"可可浆"，然后通过压榨，分成了可可脂和可可粉。可可脂被磨制成粉末，用来制作巧克力。

可可豆脆脆的，既可以加到燕麦粥里，也可以加到圣代冰激凌里，口感都非常好，而且它还可以用来给各种甜点做装饰。

可可粉用来制作巧克力、一些甜点，还有热可可。

可可脂是生产巧克力的主要原料，也用于生产护肤霜。

带给你温暖的
热巧克力

250 毫升牛奶

50 克黑巧克力

1 茶匙砂糖

1 茶匙香草精

½ 茶匙肉桂粉

1 根辣椒（成人配方）

鲜奶油、整根肉桂少许（装饰用）

先往杯子里倒一点牛奶，加入巧克力、糖、肉桂粉，搅拌均匀。然后把剩下的牛奶、香草精加进去，如果是成人配方的话，可以再加一根辣椒。把调好的饮料加热，再淋上鲜奶油，放上肉桂条进行装饰。在寒冷的冬天，来杯正宗的热巧克力，一定能让你爱上这个滋味。

你一定会喜欢这款真正的热巧克力，它会在寒冷的日子里为你带来温暖！

生姜

既是香料又是药物

生活中常被我们用作香料的生姜是一种热带植物的根茎，这种植物能长到大约 1 米高。生姜的花异常美丽，在热带地区，人们常常会用生姜花来打扮自己的小家，或者装饰花园。我们在市面上能买到的品种有鲜姜、干姜、姜粉、糖渍姜和腌姜等。

生姜生长在热带地区，包括亚洲的印度（1）、中国（2）、印度尼西亚（3）、尼泊尔（4）、泰国（5），中南美洲的加勒比海地区（6）、巴西（7），还有西非的尼日利亚（8）。

为你的小屋添点异域风情

你可以在家里种生姜，来装扮你的小屋。如果一切顺利的话，你家常年都能有新鲜生姜供应哦。那生姜要怎么种呢？

1. 挑选新鲜、品相好的生姜。如果它已经放置一段时间了，可能上面会长出绿色的小芽。

2. 切下一小段带芽孢或者已经萌芽的姜块。

3. 把生姜块浸到水里，放置一晚上。

4. 将浸泡过的生姜块放进花盆里，带芽的那头朝上，然后在上面覆盖大约 3 ~ 5 厘米的土，浇透水。

5. 现在，把花盆放在温暖的地方就可以了。但是要避免阳光直射。

6. 几周过后，你就能看到绿色的小芽偷偷探出小脑袋了。

7. 大约 4 个月之后就到了收获的时节，你可以切一块自己种出来的生姜尽情品尝了。当然也别忘了，给你的盆栽换换土。

你可以自己种一块姜试试！

利用勺子的边缘进行刮擦，可以轻松快速地给生姜去皮。

只要生姜的表皮新鲜整洁，就是适宜食用的。

寿司姜（腌制红生姜）

日本人吃寿司时，喜欢配上腌制好的姜片——寿司姜。因为它口感清脆，能够消除之前的食物在口中留下的味道，所以一般在吃每口寿司前，都会先来上几片寿司姜清理一下味蕾。

清理你的味蕾

家中常备"良药"

生姜、姜黄和山柰这三种植物的块茎长得很像，但是味道各不相同。它们三个都有很好的保健功效。

生姜

山柰（泰姜、沙姜）相比一般的生姜个头更大，外表更粗犷；吃上去的口感也格外辛香浓郁。山柰作为一种独特的香料，在很多泰式菜肴中，都有它的一席之地哦！

姜黄（黄姜、毛姜黄）碾磨成粉后呈现鲜艳的黄色，它被广泛地用作食用色素。姜黄口感特别，丝丝的苦味中带有自然的芬芳，很多印度菜，比如咖喱里都会用到姜黄。它外形看起来就像人的手指一样！

生姜的口感辛辣，带有丝丝柑橘味。它是印度菜和中国菜的重要成分之一，一般用来料理酸甜和辛辣口味的菜肴。

开花的生姜

～ 一壶姜茶 ～
暖 洋 洋

1 块生姜（约 1 厘米见方）

1 汤匙蜂蜜

半个柠檬，榨汁

用食物料理机把骰子般大小的生姜磨碎，放入杯中，用热水冲泡。放置 3 分钟，然后加入蜂蜜和柠檬汁。等上 3 分钟呢，是保证生姜的药性能得到充分的发挥。现在呢，就可以趁热饮用了。

小贴士：夏天也可以使用同样的配方哟。只需要把姜茶晾凉，然后倒进一个大玻璃杯，里面再加点冰块。让我们一起享用这清爽甜蜜的姜汁柠檬水吧！

当你伤风感冒，喉咙疼或者直犯恶心的时候，生姜这味家庭良药就能派上用场了。冬天的时候，沏上一壶姜茶，暖胃又暖心！

山葵

日本辣根

你们知道山葵吗？爸爸妈妈带你去吃日本料理的时候，寿司和生鱼片旁边，都会放上一小团绿色的玩意儿，那就是山葵酱啦。

山葵多生长在深山溪谷中，它非常喜欢那种冷凉潮湿的气候，清澈干净的流水。很多人误以为我们食用的是植物的根部，其实呢，随着叶子变老，渐渐脱落，光秃秃的茎才是我们食用的对象。

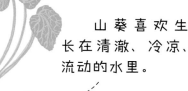

山葵原产于日本（1），如今在中国的大陆（2）和台湾地区（3）、新西兰（4）、澳大利亚（5）、加拿大的不列颠哥伦比亚省（6）、美国的俄勒冈州（7）和南卡罗来纳州（8），都有种植。

山葵喜欢生长在清澈、冷凉、流动的水里。

山葵的味道浓烈，辛辣呛鼻。还好刚吃下去的那种刺激感觉，一会儿就会消失。

山葵的叶子也能吃，而且吃起来的味道和山葵差不多。你可以把它腌制成酱菜，也可以加在沙拉里吃，还可以裹了面粉油炸，就像日本著名的"天妇罗"。

哇，好漂亮的摆盘啊，这是一盘沙拉吗？

厨师在做寿司呢，嘿嘿，我们一会儿让客人感受一下鼻子热辣辣，直冲脑门儿的滋味儿。

山葵甜点

日本人还别出心裁地把山葵做成了甜食。你能想象出山葵味的巧克力、山葵味的冰激凌、山葵曲奇饼、山葵味的坚果是什么样子吗？

山葵巧克力

用我教你的食谱，自己动手做山葵杏仁吧！

想不想尝尝山葵味的冰激凌呀？

日本传统的研磨山葵的工具，是用鲨鱼皮做成的。现在比较常用的研磨器具都是金属或者瓷器质地的啦！

新鲜的才是最好的

在日本餐馆，山葵酱其实是现磨的。因为山葵碾碎后会开始慢慢失去它独特的诱人风味，所以等客人下单后，新鲜炮制，才能保证吃到的是最美味的。

热辣辣的 山葵杏仁

100 克带皮杏仁

1 汤匙醋（日式梅子醋）

½ 汤匙山葵酱

第一步，把山葵酱加到梅子醋里，混合均匀。第二步，用平底锅把杏仁烘干。你肯定要问了，要烘到什么程度呢？来，我教你，如果你开始闻到杏仁的香味，而且听到了噼里啪啦的声音，那就差不多了。下一步呢，把烘好的杏仁丢进加了料的梅子醋里，上下摇晃。要注意哦，不要溅出来。最后，等杏仁晾凉入味，就可以尽情享用美味了。

你能分辨出真正的山葵吗？

李逵还是李鬼？

栽培真正的山葵是非常困难的，而且成本十分高昂。即使是日本人，有时也会使用"假"山葵——由辣根、芥菜种子磨成的粉末，再加上食用色素调制而成。为什么要加色素呢？是因为辣根和芥菜种子粉末是黄色的，而真正的山葵是浅绿色的。

27

各种香料

胡 椒

胡椒是一种攀援藤本植物，生长在热带，能长到大约 15 米高。你知道吗？所有种类的胡椒，无论是绿胡椒，白胡椒，红胡椒还是黑胡椒，都是同一个品种哟。那它们为什么会有这样的区别呢？是因为它们的成熟度不同，采收的时间不一样。

红胡椒：成熟后摘下的带皮果实。

肉豆蔻

绿胡椒：未成熟时摘下的果实。

黑胡椒：未成熟时摘下，煮熟并晒干的果实。

白胡椒：成熟后摘下的果实，并且去皮。

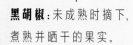

肉豆蔻和玉果花

肉豆蔻的树（Myristica Fragrans）是一种热带常绿乔木植物。它的果实长得很像杏，而且成熟的时候会自动裂开，露出里面的果核。你知道吗？这个果实里包含两种香料：外面是红色的假种皮，晒干以后，被称为玉果花；而里面的果仁才是我们熟知的肉豆蔻。它们两个的味道十分相似呢。

果仁就是我们熟知的肉豆蔻。

豆 蔻

豆蔻植株能长到 2 ~ 4 米高。豆蔻的茎直立，花朵和果实都远离地面生长。它的果实长得像豆荚一样，大约有 2 厘米长，里面包裹着有特殊香辛味的种子。你知道吗？豆蔻可是和藏红花、香草，并称为世界上最昂贵的三种香料哦。

豆蔻果实和里面的种子

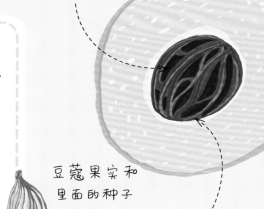

红色的假种皮常被叫作玉果花。

藏红花（番红花）

藏红花一般在秋天开花，然后将花中的花柱摘下来，干燥后，就是我们通常使用的藏红花啦。采摘藏红花需要纯手工操作，在清晨时轻轻地把花儿摘下，然后温柔地把花柱取出来。每朵花里只有三根花柱，再加上全手工采摘，你知道为什么藏红花是世界上最名贵的香料了吧。藏红花的味道浓烈、味苦，有特殊芳香，每次只需要用到很少的量，就能起到作用。藏红花一般被用来给米饭上色，调配酱汁或者加入汤里增添风味。你知道吗？正宗的西班牙海鲜饭配方里就有藏红花哦。

藏红花的花柱

肉 桂

肉桂树是一种热带的常绿植物，肉桂其实是它的树皮。把肉桂皮从树上剥下来以后，搁置干燥，它会自然卷曲成卷。而那些小块一些的树皮则可以磨成肉桂粉使用。肉桂的口感是甘甜中带着香辛，有一种宜人的味道，很容易让人记住它。你知道吗？正宗的葡式蛋挞，就可以配肉桂粉来吃哦！

树皮干燥后就会自己卷起来！

肉桂粉

八角（大料）

八角是常绿乔木八角茴香的果实。果实在成熟之前摘下，在阳光下晒干。因为它的外形像星星一样，精致可爱，所以八角可以说是世界上最漂亮、有趣的香料之一了。

丁 香

用作香料的丁香，是热带植物丁香树的花蕾，千万不要跟我们常见的有浓郁香味的丁香花搞混哦！这种丁香树能长到大约12米高。在丁香开花之前，趁着花蕾还是粉红色的，就把它摘下来。在阳光下充分晒干，花蕾会变成棕褐色。丁香具有浓烈的芳香气息和辛麻的口感。

作为香料的丁香，其实是晒干的花蕾。

松子

来自森林的美味

我们平时把松子归类成坚果，其实它并不是松树的果实，而是果实里面的种子。虽然不同种的松树都会结种子，但是只有其中几种结的种子个头够大，值得栽培，用来出产松子。

能够出产松子的松树，一般长在欧洲的地中海区域，如意大利（1）、西班牙（2）和希腊（3）。在美国（4）、墨西哥（5）、中国（6）和韩国（7）也有栽种。

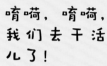

哼嗨，哼嗨，我们去干活儿了！

松果会掉到离松树不是太远的地方。

松仁口感清甜芬芳，有点像巴旦木的味道。在平底锅里慢慢干焙，能更好地带出它的口感和香味。

松仁的味道和各种烘焙的糕点、沙拉、酱汁非常搭，也很适合和鱼一起吃。松仁是意大利青酱中不可或缺的原材料，在下文中，我们会介绍到意大利青酱的食谱哦。

让你饱餐一顿的零食

一个大松果里面大约能有100来粒松子，松子富含蛋白质和纤维素，吃上一把松子就能够填饱你的肚子啦。所以如果你忘带零食的话，在路过森林的时候可以找找有没有松树。如果找到的话，你就能用松子饱餐一顿了。

松果在
袋子里成熟。

为了保持新鲜，
一定要把它们放在
冰箱里保存哦！

从树上到袋子里

松子的成熟十分困难，也非常耗时。不同种类的松树，其果实的成熟时间也不同——基本上需要 1 ～ 3 年。采摘的时候一般会趁着松果还没有完全成熟，它的鳞片还未完全张开时，就从树上摘下来，然后储存在袋子里，放在阳光直射的地方，让它自然成熟。大约 20 天以后，松果熟透了，它的鳞片就会自然张开，也能方便地取出里面的松子。当然我们取出来的种子也不是我们最终吃到肚子里的东西——我们还需要把松子外面坚硬的壳去掉，只留下里面美味可口的松仁。

意大利青酱

2 大把新鲜罗勒叶

50 克松仁

50 克帕拉玛干酪碎

1 瓣大蒜

100 毫升初榨橄榄油

把罗勒、松仁、帕拉玛干酪混合，加入碾碎的大蒜，用搅拌机搅拌均匀。再加入橄榄油，稍微搅拌一下，青酱就完成了。把加工好的意大利青酱放到一个罐子里，放在冰箱里储存。

意大利青酱不一定只搭配意面吃。你可以试试别的花样，比如说把它抹在新鲜出炉的面包上，并且夹上你喜欢的奶酪和番茄。别有一番风味哦！

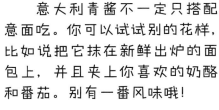

用平底锅把松仁焙干，
能够增强它的口感哟！

开心果

微笑的坚果

　　开心果也叫阿月浑子。它为什么被称为"开心果"呢？开心果树是落叶小乔木，它的果实簇集在一起。如果拿起一个果实仔细观察，小小的米色的壳包裹着里面绿色的果仁。果仁的颜色越绿，说明它的质量越好。当果实成熟的时候，它的外壳会自己裂开，露出里面的果仁，就像在张嘴大笑一样，所以得名"开心果"。

开心果的主要种植地有欧洲地中海沿岸的国家（1）、中亚和西亚——特别是中国（2），还有美国——主要是加利福尼亚地区（3）。

　　开心果树大约能长到 10 米高，不过为了摘起来方便，很多果园会在栽种时有意不让它长太高。大约 9000 多年前，中亚和西亚的干旱地区，就有野生开心果树的身影啦。你来猜一猜，开心果最喜欢什么样的家呢？对了，它最喜欢夏季漫长，气候干燥，而且冬季寒冷的地方！

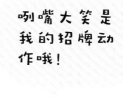

咧嘴大笑是我的招牌动作哦！

开心果香甜的口感特别适合用来做冰激凌等甜点。

　　其中最出名的甜点就是"巴克拉瓦"啦。巴克拉瓦（蜂蜜果仁千层酥）在地中海地区非常受欢迎，它有着一层层薄薄的酥皮，各类坚果混合成的馅料，还淋着超级甜的蜂蜜。在很多商店，也能找到咸味的开心果。

微笑的果实

　　其实"开心果"是我们给它取的中文昵称。在伊朗，它被叫作"微笑的坚果"。看来大家都对它的"笑脸"印象深刻啊。而且，开心果因为营养丰富，还有一个别称，叫作"绿杏仁"。

不需要蜜蜂帮忙

开心果的花是风媒花，也就是说它是用风力作为媒介来进行授粉的，所以并不需要蜜蜂们的帮助。而且由于开心果是雌雄异株的（一株开心果要么是雄性的，要么是雌性的），所以，种开心果是很有讲究的，需要把它们分组排列，保证雄花在里面至少能占到20%。

开心果的花是风媒花。

法式马卡龙

淋上蜂蜜的"巴克拉瓦"

开心果冰激凌

果壳花

你还在把开心果壳丢到垃圾桶吗？别浪费了，让我们一起动手，变废为宝，把它做成漂亮的果壳花吧。你只需要用到：质量好的胶水（或者热熔胶枪），一小块布料，比如毛毡。剪下一块圆形的布，然后用胶水把开心果壳一圈圈地粘贴到圆形的布上。怎么样，看着是不是像漂亮的花瓣呀？！果壳花会是很棒的礼物哟，因为它不像真花那样会凋谢，而是会永远盛开的哦。

绿色果仁 夹心糖

100 克无盐开心果仁

少许精制面粉

1 汤匙椰子油或黄油

1 汤匙枫糖浆或蜂蜜

40 克黑巧克力或牛奶巧克力

把开心果和精制面粉混合，倒入油和糖浆，用搅拌机搅拌均匀。如果面团黏性不够的话，可以再加一点油或者糖浆。把面团搓成小丸子，外面蘸上熔化的巧克力，再撒上开心果碎或者开心果混合物进行装饰。放入冰箱冷却。

迷人的绿色光泽和独一无二的口感，一定能让尝过的人惊叹不已。

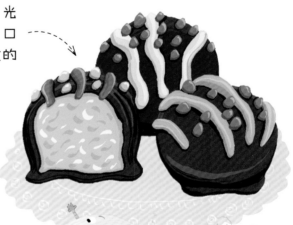

各类坚果

核 桃

核桃长在高高的核桃树上，它的果实外面有一层绿色的保护壳，当果实成熟的时候，绿色保护壳会脱落。我们通常看到的木质化的硬核桃壳，其实是它的内果皮，外形就像一个微型的大脑，很多人因此认为吃核桃能补脑。核桃树的寿命很长，能达到几百年呢。核桃木质地精良，可以用来制造家具。

碧根果

碧根果是美国山核桃树的果实。山核桃树原产于北美洲，是一种高大的乔木。碧根果和核桃不一样，它的壳外表光滑，整个果实是长圆形的，有黄色、棕色和橙色等不同色调。碧根果口感甜美、浓香丝滑。山核桃树的木材质地坚实，但是耐用且柔韧性好、不易翘裂，所以常常用来制作乐器、家具和滑雪板。

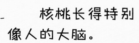
核桃长得特别像人的大脑。

榛 子

榛子是榛子树的果实。榛子树是一种大型的灌木，在欧洲、北美洲和亚洲均有种植。榛子的果壳非常坚硬，藏在里面的果肉非常美味。榛子一般用来加工制作巧克力棒、巧克力奶油榛子和巧克力榛子抹酱。

春天，巴旦木树开花了！

巴旦木

巴旦木树和桃树、杏树相似，属于核果类植物。在春天，巴旦木树开满了绚烂的粉色和白色的花。巴旦木树的果实是核果，外观看起来就像是绿色的杏。巴旦木的外壳坚硬，长得像有裂纹的石头一样，里面包裹着果仁。巴旦木还可以用来加工成乳饮品哦，它的味道像牛奶一样香浓，味道好极了。

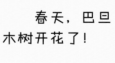

腰果

腰果是腰果树的果实，它是一种热带植物，在南美洲和中美洲，南亚和非洲都有种植。腰果的种子长在叫作"腰果梨"的假果的顶端，它的颜色是橙色的，果肉富含维生素 C，可以用来榨汁、酿酒，做成蜜饯或者果酱。腰果梨顶端的肾形真果才是我们一般所说的"腰果"。腰果树的木材质地坚硬、价值很高，可以和名贵的"白桃花心木"相提并论。

一个果壳里大约有 20 来粒鲍鱼果。

坚果躲在壳里面。

腰果梨

鲍鱼果（巴西栗）

在南美洲的热带雨林里，生长着高大的巴西栗树。它的果实就像一个个椰子，果径大约有 16 厘米，重量能达到 2 千克。每个果壳里大约能有 12~24 枚种子，这些种子大约有 3~4 厘米长，形似鲍鱼，也被叫作"鲍鱼果"。它们那坚硬的、木质化的外壳是可以用手掰开的，里面的果仁味道非常棒！

夏威夷果

夏威夷果产自澳大利亚，生长在热带雨林里。夏威夷果的棕色果壳十分坚硬，像核桃一样，外面也有一层绿色的保护壳。在绿色的保护壳脱落后，才会露出里面的果实。即使使用像坚果钳之类的工具，想把夏威夷果的棕色果壳撬开也是非常费力的一项工作呢。夏威夷果的果仁是乳白色的，有黄油一般丝滑的口感。

花生是在地下生长的。

非常坚硬的壳

花生

花生，也叫落花生，是一种草本植物，也是油料作物。地面上黄色的小花经过授粉后，子房柄不断伸长延展，连同位于其前端的呈针状的子房，被合称为"果针"。"果针"钻入泥土，向地下生长，最终在地下孕育出成熟的果实，就是花生。每一串"果针"上大约会有 40 来个花生荚，而我们平时吃的花生米就是从花生荚里剥出来的。

水稻

白色黄金

水稻是一种非常重要的粮食作物，是世界上很多以它为主食的人们重要的营养来源。水稻加工成的米饭，是许多国家餐饮不可或缺的一部分。比如意大利有烩饭，日本美食的代表是寿司，西班牙有著名的海鲜饭，中国和韩国人民则酷爱各种炒饭。

水稻种在从由灌溉沟渠和田埂组成的水田里，现在很多种水稻的品种已经不需要一直灌满水才能繁育生长，只需要定期浇灌就可以了。在很多亚洲国家，人们还是习惯使用传统的人工种植方法，而不用机器种植。

水稻起源于 8200～13500 年前的中国，如今不仅仅在亚洲，在非洲、美洲、大洋洲和欧洲等地，也能见到水稻的身影。水稻的种植国包括中国（1）、印度（2）、印度尼西亚（3）、泰国（4）、越南（5）、美国（6）和意大利（7）。

水稻梯田

许多大米的生产国都是丘陵地貌，特别是中国、不丹，还有菲律宾和印度尼西亚。由于水稻的秧苗需要插在水田中，所以这就要求水稻的种植区域地势平整，而且具有一定的蓄水性。为了解决丘陵地区的粮食问题，聪明的农民发明建造了"梯田"。所有的耕作都需要人工进行，或者使用水牛来帮忙。梯田世世代代耕种，逐渐形成了一定的规模，壮观的景色和磅礴的气势吸引了许多的游客和探险者的目光。夏天举目望去仿佛道道绿波，冬日白雪皑皑犹如群龙戏水。你想不想也去亲眼看一看梯田的样子呢？

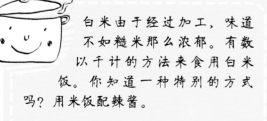

白米由于经过加工，味道不如糙米那么浓郁。有数以千计的方法来食用白米饭。你知道一种特别的方式吗？用米饭配辣酱。

你知道吗？大米作为原料，可以用来制作米粉、米线、米浆、米醋、米酒，还有和蜂蜜类似的酒酿。

梯田看上去就像巨型的阶梯。

水稻的加工

　　根据水稻被收割后加工方式的不同，我们把它分成了稻谷、糙米和白米（精米）这几大类：

　　稻谷——水稻收割后，还没有去除稻壳。我们日常很少看到这种带壳稻谷。

　　糙米（去掉了谷壳，未精磨）——稻谷用脱壳机去除稻壳后，就是我们常说的糙米了。糙米没有经过精加工，所以还保留了内保护层，所以质地比较坚硬，煮饭的时候需要花费更长的时间。

　　白米（精磨后）——稻谷去壳并且精磨后，就是我们经常看到的白米了。由于经过了精加工，大部分的米皮和米胚都已经被磨掉了。

日本稻田画——
稻田里的艺术

稻田里的艺术

　　田舍馆村是日本稻田画的鼻祖。稻田画是一种新兴的艺术形式，它是把不同品种的水稻按照预先规划好的位置进行栽种，待水稻成熟后，由于稻穗的颜色不同，从特定的角度看过去，就像是一幅在稻田中出现的精妙画卷。如果只是从田埂走过，你可能意识不到里面藏着一幅画呢。观赏稻田画最好的角度，是从高处俯瞰（比如坐吊车或者直升机到半空中欣赏），或者去观景台游览。

水稻的分类

　　水稻结出的米粒有各自不同的形状、大小、颜色和口味。米粒的形状又有长圆形、椭圆形、圆形、短粒和长粒之分。这么多不同的水稻品种，我们来一起看看最有名的几种吧！

用模具帮忙，把
海苔剪成各种形状。

印度香米：籼米的一种，外观细长、透明度高。

泰国香米：籼米的一种，外观细长，带有芬芳的花香，又叫茉莉香米。

意大利米：米粒短而细小、米身较圆，一般用来烹饪意大利烩饭。

黑米：非常有营养。也被中医称作"药米"。

北美野生稻：它其实不是大米哦，是一种生长在浅水和小湖边的草的种子，产于北美。

不丹红米：来自喜马拉雅山脉的品种哦。

　　饭团简单易做，在日本非常流行。一般会做成三角形饭团或者球形饭团，里面可以放各式馅料，外面包裹着海苔。相当美味。

为孩子做的饭团，一般做成可爱动物的模样。

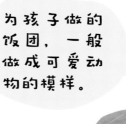

芝 麻

面包卷的绝配

说起芝麻，你第一时间想到的是什么？是面包上撒的那一层芝麻粒，还是糕点里香浓的芝麻味，甚至是南方黑芝麻糊的广告……要知道，芝麻可是一种非常健康的食品哟。芝麻其实有很多不同的颜色，比较常见的是白色和金色的芝麻，而棕色和黑色的芝麻相对少一些。

芝麻生长在温暖的地方，基本上处于热带和温带地区，如印度(1)、中国(2)、苏丹(3)和墨西哥(4)。

芝麻是一年生植物，植株的高度一般在 80 ~ 200 厘米。它的果实长得像豆荚一样，好像一个矩圆形的太空舱，也被称为芝麻荚，里面长满了小小的扁扁的种子，这些种子也就 2 毫米那么长。所以在采收芝麻的时候一定要小心，最好是趁着芝麻荚没张开前摘下来，不然里面的芝麻粒都要掉光了。

朋友，想来点不一样的吗？

芝麻荚在阳光下晒干。

芝麻香气浓郁，嚼起来有淡淡的甜味；生芝麻烘焙后，不管是香气还是口味，都能更上一层楼呢。

如果你以为芝麻只是用来撒在面包或糕点上作装饰，最多可以用来榨油，那你就太小看它了。全世界的美食，都有芝麻的一席之地呢。你听说过一种叫哈尔瓦 (halvah) 的芝麻蜂蜜糖吗？它可是土耳其的一种传统甜点哟。还有一种叫塔希尼 (tahini) 的芝麻酱，中东地区的人调味可少不了它。

芝麻油

芝麻收获后，最大的用量是用来制造高品质的油。芝麻的含油量高达 50% 以上。

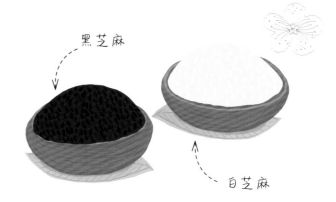

黑芝麻

白芝麻

"芝麻开门"

"芝麻开门"，这句话你是不是很熟悉啊？它源于《阿里巴巴和四十大盗》这个探险故事。念出这句咒语的人，就能打开一个装满各种宝藏的神秘洞穴。就像芝麻成熟的时候，芝麻荚张开，露出藏在里面密密实实的种子一样，这也是它的瑰宝。有一个著名的儿童教育系列节目，风靡全世界，广受小朋友们的喜爱，它的名字也和芝麻有关哦——对了，就是"芝麻街"。

试试加点黑芝麻吧！

甜点
芝麻曲奇

220 克奶酪

110 克黄油

200 克面粉

5 汤匙芝麻（其中 3 汤匙裹芝麻衣用）

½ 茶匙食盐

将奶酪切碎，加入软化的黄油、面粉和芝麻，搅拌均匀，揉成面团待用。揉面的时候一定要有耐心，一开始面可能会有点不趁手、不均匀，揉到一定程度，它就会光滑不黏手，而且非常有劲道了。把面团搓成一个个小球，外面裹上一层芝麻，然后放到烤盘上，用手掌把小面球压扁。烤箱预热后，以180摄氏度烘烤12～15分钟即可。请尽情享用你自己制作的曲奇饼吧！

给小鸟做饲料

在寒冬时节，大雪覆盖着大地，就像盖上了一条厚厚的被子。小鸟们爱吃的各种谷物和浆果这个时候都很难被找到。难道就这样让可怜的小鸟们饿肚子吗？让我们一起动手，来帮小鸟们做点好吃又营养的食物吧！

我们先来准备一些原料：圆锥形的鸟食罐、绳子、食品黏合剂（猪油、牛油或无糖花生酱）、谷物混合物（例如芝麻、葵花籽、小米、亚麻籽）、燕麦片、葡萄干或坚果碎。

1. 在每个鸟食罐上拴上一小截绳子。

2. 往谷物混合物里添加足量的食品黏合剂，压紧压实。

3. 用手或者茶匙把调好的混合物塞到鸟食罐里。

4. 现在你需要做的，就是找好一个地点，把装满鸟饲料的鸟食罐挂起来，等着小鸟们来发现你为它们准备的美味了。

冬天的时候，试着做点可口的鸟饲料。

各式种子

葵花籽

为什么要种向日葵呢？不仅仅是因为它可以结出好吃的葵花籽哦。向日葵的花十分漂亮，从很远的地方就能望到它们高扬的"头颅"（向日葵的花盘），所以大家也很爱用向日葵来装饰自家的花园。向日葵花盘的中心，其实是很多管状小花组成的，慢慢地就会结出种子。还没结籽的向日葵在白天的时候，是迎着太阳生长的，能长到大约 2.5 米高。等到花朵完全成熟后，因为结满了种子，种子的重量会使向日葵"低下头"，花盘朝向地面。这也是向日葵给你发出的信号：我已经长大了，快把我的种子摘下来吧！常见的向日葵种子有两种：黑色的种子一般用来榨油，条纹状的种子就是可以吃的葵花籽啦。

剥葵花籽
可好玩了！

面包和糕点
上可以撒亚麻籽
做装饰。

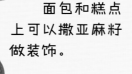

亚麻也可以加
工成做衣服的布料。

亚麻籽

栽种亚麻的历史非常悠久，因为亚麻籽既有营养又很健康，而亚麻的植物纤维可以用来生产亚麻布。亚麻植株能长到差不多 1 米高，开着淡蓝色的花朵。我们经常用亚麻籽来装饰面包和糕点。但如果你想把它的营养吸收得更充分，可以把它磨成粉，然后加进麦片、面团和抹酱里。

奇亚籽

奇亚籽的种子比芝麻还小一些。它最初是由阿兹特克人培育出来的，而玛雅人是第一个意识到奇亚籽具有丰富的营养价值，能给人提供充沛能量的人。奇亚籽本身没有什么特殊味道，不管是加进面包、糕点、酸奶还是粥里，都很合适。它们有一种特殊的属性，可以让它们吸水膨胀，最高能涨到原来体积的 12 倍呢！你可以自己做个小试验：取一茶匙的奇亚籽放入容器，倒入水或者果汁进行观察，你会看到它迅速地吸水膨胀，并且在每粒种子外面形成一层厚厚的凝胶。

用奇亚籽来做
个小小的试验吧！

罂粟籽

罂粟籽在东欧和中欧是一种传统的美食。它可以撒在面包和糕点上，也可以用来制作蛋糕和馅饼的甜味馅料。罂粟的花朵大而纤细，一般是白色或粉紫色的。罂粟花盛开的田野，绝对是一幅美丽的画卷。看到美丽花朵的同时，你也会见到罂粟的果实像小脑袋一样从花朵里探出，果实里有数以百计的罂粟籽。罂粟籽的钙含量惊人的高，甚至可以达到牛奶的 12 倍哦。

干的罂粟籽长得像小孩子的玩具似的。

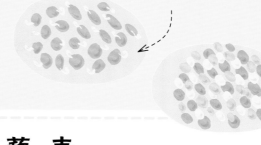

煮熟的藜麦粒拖着小小的尾巴。

藜 麦

藜麦的种子小小的，可以用来当作配菜，就像西餐里的米饭一样的；或者用来煮甜粥。在南美洲，藜麦的种植地，人们还会吃藜麦的叶子，就像欧洲人食用菠菜一样。对于蛋奶素食者和严格的素食主义者来说，藜麦是一种理想的食物，因为它包含了人体所需的全部基础营养物质，这使得它成为肉类的完美替代品。藜麦植物耐寒耐旱，可以在并不适合大多数农作物的严酷环境下生长——你甚至能在海拔 4000 米的高山上见到它的身影。

玉 米

除了水稻和小麦，玉米这种谷物，也是许多人的主食选择。玉米可以用来制作面粉、甜味剂甚至可降解塑料。玉米有很多不同的品种。也许你已经知道了，你最喜欢的爆米花也是用玉米做出来的。那你想不想知道，爆米花是怎么做出来的呢？让我来告诉你吧：每个玉米粒里面都含有少量的水分，当高温加热时，内部的水会气化，而蒸汽产生的压力能够冲破玉米粒坚硬的外皮，让它内部的淀粉分子得以充分地膨胀。当然这个时候，一定不要忘记盖上锅盖哦，不然玉米粒一爆开可要四处乱飞啦。

南瓜籽

正如它的名字一般，南瓜籽是南瓜的种子。南瓜你一定非常熟悉吧，鲜艳的橘黄色，又大又圆像灯笼，所以在万圣节的时候，我们都会一起动手做南瓜灯。为了吃到南瓜籽，你首先要剥掉它们的白色外壳。虽然南瓜籽个头不大，但是它富含许多对人体有益的矿物质，它有助于我们强健骨骼、指甲和头发，还对我们皮肤的健康大有益处。

爆米花会蹦出来哦！

海苔

海里的蔬菜

日本人把可食用的红藻类海藻统称为海苔。由于经过了干燥等处理，它的颜色已经从红色变成了近乎黑色的深绿色。各类海藻也被叫作海菜，就像海中的各色蔬菜一样。

海苔的主要出产国有日本（1）、中国（2）和韩国（3）。当然，在加拿大（4）、美国（5）和新西兰（6），也都有种植这种海藻。

海洋农场

海苔一般养殖在沿海水域及保护性海湾，这里阳光充裕，养分充足。把网帘安放在适宜的区域，海苔会附着在上面生长。海苔的生长十分迅速，"播种"后大约45天就可以进行第一次的收获了，之后大约每隔10天可以采收一次。如今有了现代化机器的帮助，采收和加工对于人们来说，都轻松了不少。

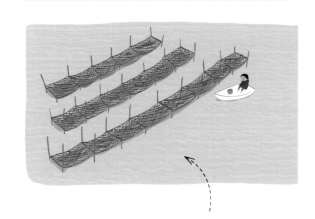

海苔附着在网帘上生长。

海苔吃上去有淡淡的盐味，好像在品尝大海的味道。

海苔一般用来做寿司，还可以添加在汤中或者拉面里，增加风味。

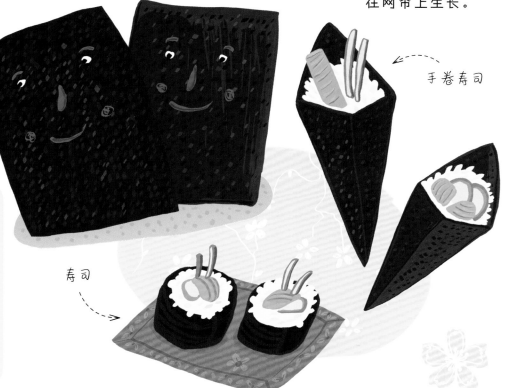

海苔片

手卷寿司

寿司

海苔片的加工

将采收的海藻清洗、切割后，放到筛子上晾干，就像手工造纸一样。最后的成品是大约 18 厘米 ×20 厘米见方，犹如纸一般薄的海苔片。

凯瑟琳·玛丽·德鲁－贝克
（Kathleen Mary Drew-Baker）
1901.11.6—1957.9.14

她是一位美丽的女士。在日本，她被尊称为"大海的母亲"，大家每年都会在她生日那天举行庆祝仪式。

重要的发现

多年来，海苔都是野生的，人们采集海边岩石上、港口木墩上长出来的海藻进行加工。也有人试图尝试大规模地养殖海苔，但是都没能成功。最大的问题在于，海苔既不是植物的种子也不是植物的根，人们不知道要怎么去"种"海苔。他们也试图像捕鱼一样，把网抛到水里，希望海苔挂到网上被捞上来。不过这种纯靠运气的方式，收获有限，也让海苔的价格居高不下。直到 1949 年，英国的植物学家凯瑟琳·玛丽·德鲁－贝克发现了养殖海苔的绝妙方法，事情才出现了转机。从此，海苔得以人工种植并在全世界推广，寿司也逐渐成为世界各地人民的常见食物。值得注意的是：海藻的生命周期其实有很多阶段（红藻只是其中的一个阶段），这有点像蝴蝶的一生，分为卵、幼虫、蛹、成虫等各个阶段。蝴蝶这种生长发育和形态变化的过程，我们称之为昆虫的变态。

海苔脆片

寿司用海苔片

芝麻油

芝麻

食盐

把海苔片切成两块——这样的大小更适合放到平底锅里。用手指或者刷子给海苔片刷上芝麻油。均匀地撒上食盐和芝麻。把处理好的海苔片放到平底锅里，干煎大约 20 秒，或者到海苔片稍稍变薄的程度，其间用铲子配合保持它的平整。把煎好的海苔脆片再切成小块。之后，可以直接吃，也可以撒到米饭或者蔬菜上一起吃。如果你现在还不想吃，记得把它们放到密封的容器里，这样到时候才能保持脆脆的口感。

绿色创可贴

你肯定想不到吧，如果你不小心受了点轻伤，海苔片还能当作创可贴来使用：把海苔片切成合适的大小，然后平铺在伤口上，或者裹住伤口；用少许水将海苔片润湿，它会变软收紧，从而帮助止血，也能缓解伤口的疼痛。就这样一直贴着别管，等上几个小时或者等海苔到时候自己掉下来。有了海苔的帮助，你的伤口能够轻松愈合。

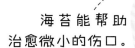

海苔能帮助
治愈微小的伤口。

像这个韩式配方一样，
各式风味的海苔脆片广受
大家的好评。

芦笋

献给国王的蔬菜

第一次见到芦笋时，你是不是很惊讶，这是蔬菜吗？长得也太奇怪了吧！你知道吗？芦笋可是经历了漫长严冬，我们能吃到的第一批春天的蔬菜哟。当万物复苏，地面的寒冰慢慢消融，芦笋的嫩芽也偷偷探出了头。芦笋不仅给你带来了春天的味道，也带来了健康的问候——因为它富含维生素。

芦笋在南欧和东欧广泛种植，特别是意大利（1）、西班牙（2）和土耳其（3）。它在非洲北部——比如埃及（4），还有美国（5）、加拿大（6）、墨西哥（7）、秘鲁（8）和中国（9）都有种植。

在春季，芦笋地上部分嫩芽（嫩茎）被收割后，剩下在地下的部分会继续生长，长出新的嫩茎。成熟芦笋的茎上长有许多枝节（鳞芽）和细细的针状叶片。它们能储存足够的能量，使得芦笋明年还能继续发芽。芦笋栽种大约3年后，开始有产出，此后大约20年的时间里，每年都会有产出。

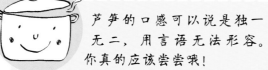

哎呀！兄弟，睑色怎么白得像纸一样啊。你是多久没出来活动，没见着太阳了啊？

芦笋的口感可以说是独一无二，用言语无法形容。你真的应该尝尝哦！

为了确保芦笋的最佳口感，千万不要煮太久，太老了就品尝不到它爽脆的口感啦。不管是清蒸，还是油煎或者用烤箱烤，都是很好的烹饪方法，还是那句话，别做老了！而且可以试着往做好的芦笋上加少许融化的黄油或是帕尔玛干酪，这能带出更加丰富饱满的口感。

献给国王的蔬菜

有关芦笋培育最古老的记载，是在埃及塞加拉的一座金字塔中发现的。在金字塔的壁画中就描绘了芦笋的形象，这大约有4500年的历史了。因为芦笋属于时令食品，只在很短的一段时间内才能吃到，所以那时芦笋是一种很昂贵的食物，只有统治者和大富豪才吃得起。芦笋在古希腊也受到贵族们的青睐，之后，法国国王也对这种美食赞不绝口。所以，芦笋可以说是能够献给国王的顶级蔬菜。

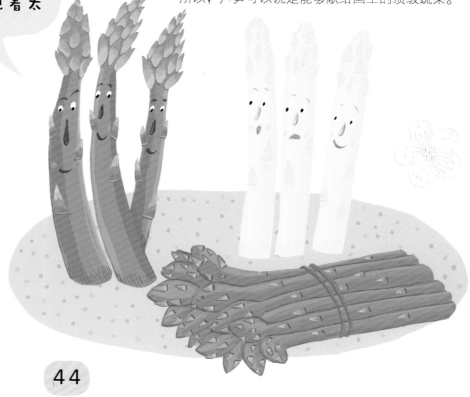

44

芦笋芦笋快快长

如果你一动不动地盯着芦笋看，你会惊奇地发现，它真的在长个儿呢！在气候温暖的季节里，芦笋一天就能长高15厘米哟！所以每天都要收割呢。

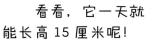

看看，它一天就能长高15厘米呢！

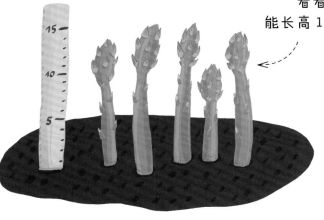

食欲大开了吧，趁着"木乃伊"吃掉你之前，赶紧把它吃了吧！

"木乃伊" 芦笋卷

至少15根芦笋

1包冻千层酥皮

1个鸡蛋

奶酪适量

至少30粒胡椒粒

取出千层酥皮，把它切成大约2厘米宽的酥皮条。小心地把酥皮从下往上卷在芦笋外面。在卷好的芦笋卷外面刷上蛋液，放入烤箱烘烤。请按照酥皮包装袋上的说明来设置烘烤的火力和时间哦。在烘烤完成前大约2分钟，在芦笋卷上放上切成矩形的奶酪，再搁上两粒胡椒当作眼睛。看看，芦笋卷现在看起来是不是超像木乃伊啊？

青芦笋与白芦笋

青芦笋（也叫绿芦笋）和白芦笋其实来自同一种植物，那你知道为什么它会长成不同的颜色吗？其实是这样的，如果芦笋在地底下生长，完全见不到阳光，它就没办法进行光合作用，也就合成不了绿色素了，所以就只能长成白色了。而如果它在地面上生长，能够晒到太阳，就会像其他的绿色植物一样，穿上美丽的绿色衣裳了。

白芦笋躲在地底下偷偷长。

青芦笋开心地生长在地面上。

小鼹鼠也生活在地底下哦！

洋蓟

巨型花蕾

洋蓟，也被叫作朝鲜蓟、法国洋蓟，是菊科菜蓟属植物。可以食用的部分在它那巨大的花蕾中——花蕾在没有开花之前就被摘下了，就像一朵含苞待放的大花。

在耐心地把洋蓟花蕾的叶子一片片扒开后，我们就可以看到期待已久的"花心"了，这也是洋蓟最美味最精华的部分啦。除此之外，被扒下的叶片底部软嫩的肉质部分，也是可以吃的——我们可以把它嗑着吃。别犹豫了，快来体会这美妙的口感吧。

洋蓟喜欢温暖的环境，所以那些地中海周边国家，比如意大利（1）、西班牙（2）、希腊（3）和法国（4），都是它生长的天堂。在美国，阳光普照的加利福尼亚州（5），也能经常看到洋蓟的身影。

洋蓟的植株能长到 1.5 米高哟。

洋蓟的芯

谢啦，要知道，紫色可是当季流行色呢！

嘿，你今天看上去很漂亮哟！

洋蓟的口感独一无二，令人难忘。

我们一般把它用水煮熟，然后吃它的芯还有叶子内侧的嫩肉。我们可以把叶子一片片剥下来，蘸着熔化的黄油或者橄榄油来吃，也可以配着各种蘸酱吃。

盛产洋蓟的季节

新鲜的洋蓟不是随时随地都能买到的。虽然它们一年可以采收两季，在春天和秋天都能吃到，但是在商店里售卖的时间是非常短的。所以如果你要是想尝鲜的话，一定不能犹豫，看到新鲜的洋蓟就赶紧买回家吧。退而求其次，你也可以选那种一年四季都能买到的洋蓟的罐头或者腌制品。洋蓟还可以用来做冷盘、开胃菜和比萨的"浇头"哦。

在超市里，我们可以找到罐头装的洋蓟芯，一年四季都有供应哟！

不脏手的小窍门

洋蓟的叶子有个小缺点，它的汁液会在你的手上留下黑色的污渍。所以在料理洋蓟的时候，你可以预先戴上手套，或者之后用柠檬汁擦洗双手。

洋蓟汁会在你的手上留下污渍！

美好的食物值得等待

虽然在吃洋蓟之前的准备工作有很多，需要花费很长的时间，但是过程还是相当有趣的。有一种做法是，把整个洋蓟放到酸性的水里面去煮，煮熟后往里面塞入各色馅料，然后放到烤箱里烤制。另一种烹饪方法是：把洋蓟的叶子都摘掉，只取里面最美味的那个嫩芯，或煎或蒸或烤。不管你选哪种，最终洋蓟的美味都不会让你失望。

❧ 洋蓟三明治 ❧

2 片吐司面包

1 汤匙黄油抹酱

2 汤匙腌洋蓟芯

3 汤匙奶酪碎

1 棵菠菜叶

食盐、胡椒适量

把黄油抹酱、奶酪碎、切碎的洋蓟芯和切碎的菠菜叶混合搅拌均匀。加入食盐和胡椒调味。在吐司面包片的其中一面刷上少许油。把刚才拌好的洋蓟奶酪混合物涂抹在一片面包片上，然后盖上另外一片，把它们夹紧。平底锅擦干，放入刚才做好的三明治（刷过油的一面朝下），两面煎，可以用铲子帮忙压实，防止三明治松散。

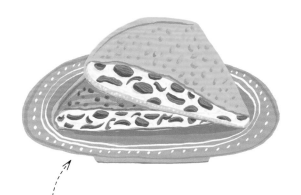

无论何时，你都可以来上一个洋蓟口味的三明治。

图书在版编目（ＣＩＰ）数据

美味的秘密：写给孩子的食物故事 /（捷克）伊韦塔·帕里亚著；（捷克）米夏埃拉·贝格曼诺娃绘；陆杨译 . -- 北京：北京日报出版社，2020.5
　　ISBN 978-7-5477-3342-4

　　Ⅰ . ①美… Ⅱ . ①伊… ②米… ③陆… Ⅲ . ①食品 - 历史 - 世界 Ⅳ . ① TS2-091

中国版本图书馆 CIP 数据核字 (2019) 第 114102 号

北京著作权合同登记：01-2019-1514 号

美味的秘密：写给孩子的食物故事

出版发行：北京日报出版社
地　　址：北京市东城区东单三条 8-16 号　　东方广场东配楼四层
邮　　编：100005
电　　话：发行部：（010）65255876
　　　　　总编室：（010）65252135
印　　刷：北京博海升彩色印刷有限公司
经　　销：各地新华书店
版　　次：2020 年 5 月第 1 版　　　2020 年 5 月第 1 次印刷
开　　本：787 毫米 ×1092 毫米　　1/8
印　　张：6.5
字　　数：160 千字
定　　价：68.00 元